BEI GRIN MACHT SICH IHR WISSEN BEZAHLT

- Wir veröffentlichen Ihre Hausarbeit,
  Bachelor- und Masterarbeit

- Ihr eigenes eBook und Buch -
  weltweit in allen wichtigen Shops

- Verdienen Sie an jedem Verkauf

Jetzt bei www.GRIN.com hochladen
und kostenlos publizieren

Bibliografische Information der Deutschen Nationalbibliothek:

Die Deutsche Bibliothek verzeichnet diese Publikation in der Deutschen National-
bibliografie; detaillierte bibliografische Daten sind im Internet über http://dnb.d-
nb.de/ abrufbar.

Impressum:

Copyright © 2014 GRIN Verlag, Open Publishing GmbH
Druck und Bindung: Books on Demand GmbH, Norderstedt Germany
ISBN: 9783668244504

Dieses Buch bei GRIN:

http://www.grin.com/de/e-book/334731/die-erforschung-des-proteoms-proteomik-
genomik-und-protein

Jonas Gleiser

Die Erforschung des Proteoms. "Proteomik", "Genomik" und "Protein"

GRIN Verlag

GRIN - Your knowledge has value

Der GRIN Verlag publiziert seit 1998 wissenschaftliche Arbeiten von Studenten, Hochschullehrern und anderen Akademikern als eBook und gedrucktes Buch. Die Verlagswebsite www.grin.com ist die ideale Plattform zur Veröffentlichung von Hausarbeiten, Abschlussarbeiten, wissenschaftlichen Aufsätzen, Dissertationen und Fachbüchern.

Besuchen Sie uns im Internet:

http://www.grin.com/

http://www.facebook.com/grincom

http://www.twitter.com/grin_com

Proteomik

- die Erforschung des Proteoms

Jonas Gleiser

Annemarie – Lindner - Schule

2014

Inhaltsverzeichnis

1 Vorwort

In meiner folgenden schriftlichen Ausarbeitung gehe ich auf die Begriffe „Proteomik", „Genomik" und „Protein" ein. Mir ist es ein großes Anliegen, diese grundlegenden Begriffe zu definieren. Man benötigt sie für das Verständnis meiner GFS. Des Weiteren werde ich etwas über die Geschichte der „Proteomik" erzählen und genauer auf die Massenspektronomie, eine Forschungsmethode, eingehen. Ich habe mir diese Forschungsmethode ausgesucht, da sie in der Wissenschaft sehr häufig eingesetzt wird. Auf andere Forschungsmethoden gehe ich nicht ein, da ich mich auf die wichtigsten Punkte bei meiner GFS beschränken wollte. Am Beispiel der Metamorphose des Frosches werde ich den Bezug zu „Proteomik" genauer erläutern. Zudem möchte ich einen Ausblick auf die Chancen und Risiken der „Proteomik" hinweisen. Ich denke, ich habe das Thema in vielen Bereichen gut abgedeckt und kann einiges über die „Proteomik" berichten, da ich mich intensiv damit beschäftigt habe und weiß, worüber ich schreibe.

2 Definition

Ich habe mich im Allgemeinen im Bereich der Biotechnologie beschäftigt. „Nach der Definition der Organisation für wirtschaftliche Zusammenarbeit und Entwicklung (OECD) ist Biotechnologie „die Anwendung von Wissenschaft und Technik auf lebende Organismen, Teile von ihnen, ihre Produkte oder Modelle von ihnen zwecks Veränderung von lebender oder nichtlebender Materie zur Erweiterung des Wissensstandes, zur Herstellung von Gütern und zur Bereitstellung von Dienstleistungen".[1] Das bedeutet, dass die Wissenschaft viele Organismen untersucht und erforscht. Man kann durch die Biotechnologie neue Medikamente herstellen oder Alltagsprodukte effizienter gestalten. Man teilt die Biotechnologie in die rote Biotechnologie (Medizin), die grüne Biotechnologie (Landwirtschaft) und die weiße Biotechnologie (Industrie) ein. Im Folgenden werde ich einzelne Begriffe genau definieren und über die Geschichte der Forschung der „Proteomik" berichten

2.1 Genom und Genomik

In der Literatur finden sich viele Definitionen zu diesen beiden Begriffen. Ich beginne damit, den Begriff „Gen" zu definieren, da das Wort in „Genomik" und „Genom" enthalten ist. „[...] Ein Gen ist ein RNA codierender DNA - Abschnitt."[2] „Die RNA, die die Information für die Polypeptide trägt, heißt Boten- oder messenger-RNA, abgekürzt mRNA."[3] „Die Aufgaben der mRNA sind der Transport der Botschaft der

---

[1] biotechnologie.de - Initiative des Bundesministeriums f& #038 uuml r Bildung und Forschung: Biotechnologie - Startseite. https://www.biotechnologie.de/BIO/Navigation/DE/root.html, 15.11.2013
[2] Natura - Biologie für berufliche Gymnasien. Stuttgart, Leipzig, S. 114
[3] Genetik. http://books.google.de/books?id=6hWjDWnYAbQC&pg=PA300&dq=Funktionelle+Genomik+und+Prot eomik&hl=de&sa=X&ei=N6egUvnTElbbswa_soCwCA&ved=0CDUQ6AEwAA#v=onepage&q=Funktio nelle%20Genomik%20und%20Proteomik&f=false, 05.12.2013, S. 8

DNA zu den Ribosomen, die sich im Zellplasma befinden. " [4]Und das „[...]Genom bezeichnet die Gesamtheit der genetischen Information, codierende und nicht codierende DNA - Abschnitte, einer Zelle. "[5] „Unter dem Begriff Genomik fasst man alle Arbeiten zusammen, die darauf Abzielen, das Genom eines Organismus [...] in ihrer Gesamtheit zu verstehen."[6] „Mankann die Genomik in die funktionelle und strukturelle Genomik unterteilen."[7] „Die strukturelle Genomik bezeichnet die Aufklärung der gesamten Genomsequenz eines Organismus."[8] Die funktionelle Genomik geht noch einen Schritt weiter. „Die Kenntnis der gesamten DNA-Sequenz eines Organismus ist Voraussetzung zum Verständnis der Funktion seines Genoms. Arbeiten, die sich hiermit befassen, werden als funktionelle Genomik zusammengefasst."[9]

2.2 Proteom und Proteomik

„Unter dem Begriff Proteomik versteht man ein Fachgebiet, [...] dass sich mit der Erforschung der Gesamtheit der Proteine in einem Organismus beschäftigt. Das Proteom ist [...] hochdynamisch und unterliegt ständigen Veränderungen in Konzentration, Zusammensetzung und Funktion"[10] „[...] Der Begriff Proteom bezeichnet die Gesamtheit der Proteine eines Zellzyklus." [11] „Im Unterschied zu den Genen ändert sich die Proteinausstattung eines Organismus ständig: von Gewebe zu Gewebe, während des Entwicklungszyklus, sowie in Abhängigkeit von äu[ß]eren Einflüssen."[12] „Die Basensequenz in einem Genom gibt einen ersten Überblick über das funktionelle Potential eines Organismus. Um dies [aber] auch auf molekularer Ebene zu verstehen, muss man sich [...] die Proteine, [die] Funktionsträger der Zelle anschauen und die Gesamtheit [untersuchen]."[13] „Das Proteom beschreibt die Zusammensetzung aller Proteine einer Zelle zu einem bestimmten Zeitpunkt. Die Proteomik befasst sich mit der Genomexpression, da bei dieser ganz bestimmte Proteinsequenzen gebildet werden. Diese Aminosäuresequenz bildet das Molekül, dass letztendlich für sämtliche Vorgänge im menschlichen Organismus zuständig ist. Die DNA speichert nur die Erbinformationen, doch vom Proteom der Zelle hängt auch ihre Aufgabe ab."[14]

2.3 Protein

Grundbausteine der Proteine sind die Aminosäuren. Charakteristisch für die Aminosäuren ist, dass sie je eine Aminogruppe und eine Carboxylgruppe enthalten,

---

[4] [wie Anm.3], S. 8
[5] [wie Anm.2], S. 114
[6] [wie Anm.3], S. 300
[7] [wie Anm.3], S. 300
[8] [wie Anm.3], S. 300
[9] [wie Anm.3], S. 300
[10] DocCheck Medical Services GmbH: Proteomik - DocCheck Flexikon. http://flexikon.doccheck.com/de/Proteomik, 16.11.2013
[11] [wie Anm.2], S. 114
[12] Mering, Christian von; Bork, Peer: Proteinkomplexe und Netzwerke: Neue Herausforderungen fuer die Proteomik. GenomXpress 2002 (2002), 2–4, S. 2
[13] Tebbe, Andreas: Das Proteom eines halophilen Archaeons und seine Antwort auf Änderung der Lebensbedingungen–Inventarisierung, Quantifizierung und posttranslationale Modifikationen 01.01.2006, S. 6
[14] DocCheck Medical Services GmbH (11.09.2013) [wie Anm.10]

die an dasselbe Kohlenstoffatom gebunden ist. Dies kann man anhand der Abbildung drei erkennen. Einzelne Aminosäuren (Peptide) können unter Abspaltung von Wasser miteinander reagieren. Durch diese Kondensaktionsreaktion entsteht ein Dipeptid. Die Peptidgruppe entsteht immer zwischen der Säuregruppe und Aminogruppe. In gleicher Weise kann das Dipeptid mit weiteren Aminosäuren reagieren. Dadurch entstehen Tripeptide, Tetrapeptide, usw. bis schließlich Polypeptide entstehen. „Polypeptide sind Ketten aus durchschnittlich 300-600 verschiedenen Aminosäuren[...]"[15] Polypeptide mit mehr als 100 Aminosäuren werden Proteine genannt. Die Proteine haben einen unterschiedlichen räumlichen Bau. Zwanzig verschiedene Aminosäuren werden in einer bestimmten Reihenfolge zu einer Kette aneinandergereiht. Man bezeichnet dies als Primärstruktur. Wenn sich die Polypeptidkette zu einer Spirale windet, spricht man von der Sekundärstruktur. Wenn sich diese Spirale verknäuelt, einsteht ein dreidimensionales Molekül. Dies bezeichnet man als Tertiärstruktur. Eine Quartärstruktur entsteht durch die Aneinanderlagerung mehrerer Polypeptidketten.[16] „Proteine wirken bei der Regulation, dem Transport, der Bewegung und anderen Aktivitäten mit."[17] Die Denaturierung ist eine Veränderung von Proteinen, die durch Zerstörung des Aufbaus hervorgeht. Die Proteine verlieren dadurch ihre ursprünglichen Eigenschaften. Die Denaturierung kann ausgelöst werden durch Erhitzen (Eier kochen, verschiedene Chemikalien (Gerinnen der Milch nach Zugabe von Zitronensaft), Ultraschall, Röntgenstrahlen und UV - Strahlen[18] Zwar enthalten die Gene die Informationen der Zelle, doch die Proteine sind die Funktionsträger der Zelle. Die DNA wird bei der Proteinbiosynthese in Proteine übersetzt und diese führen die Funktionen aus, nicht die Gene.

2.4 Geschichte der Forschung

„Schon seit 30 Jahren versuchen Forscher, die Gesamtheit der Eiweiße in einem Organismus zu erfassen."[19]„Der Ausdruck „Proteom" wurde erstmalig 1994 von Wilkins erwähnt (WILKINS, 1994; WASINGER ET AL., 1995) und bezeichnet die Gesamtheit der P[rote]ine, die von einem Gen[om]in Abhängigkeit einer Umgebung und eines Zeitpunktes exprimiert werden."[20] Doch schon früher haben Wissenschaftler daran geforscht. Die Genetiker Beadle und Tatum haben 1941 die Stämme eines Schimmelpilzes (Neurospora) untersucht, die nicht die Aminosäure Tryptophan herstellen konnte, die für sie lebensnotwendig ist. Sie konnten aber das Wachstum durch Zugabe von Stoffwechselzwischenprodukten wieder anregen. Die Forscher schlossen daraus, dass die beteiligten Enzyme am Stoffwechsel fehlten und somit die Gene defekt sind.[21] „Das Merkmal „erfolgreiche Tryptophansynthese"

---

[15] [wie Anm.3], S. 7

[16] [wie Anm.2], S. 38-39; 107

[17] Duve, Christian de: Die Zelle. Expedition in die Grundstruktur des Lebens. (Spektrum-Bibliothek, Bd. 9,1) Heidelberg (1986), S. 27

[18] Duve ((1986)) [wie Anm.17], S. 27

[19] biotechnologie.de - Initiative des Bundesministeriums f& #038 uuml r Bildung und Forschung: Alle Eiweiße der Hefe im Visier.
http://www.biotechnologie.de/BIO/Navigation/DE/Hintergrund/themendossiers,did=80086.html, 07.12.2013

[20] Lutter, Petra: Untersuchung des Einflusses vasoaktiver Substanzen auf das Proteom humaner Endothelzellen 01.01.2003 S.1

[21] [wie Anm.2], S. 114

baut auf einer Kette von Enzym codierenden Genen auf. Es ist ein polygenes Merkmal, jedes Gen codiert dabei für ein Enzym."[22] „In den frühen 40er Jahren des 20. Jahrhunderts wurde die [Massenspektronomie] Technik erstmals präparativ zur Trennung von Uranisotopen eingesetzt, wodurch eine Möglichkeit zur Urananreicherung zur Verfügung stand."[23] Später, 1996, wurde das erste vollständig sequenzierte Genom eines Eukaryoten präsentiert. Eine andere Sensation der Humangenetik gelang dem International Human Genome Sequencing Consortium (IHGSC) und der amerikanischen Firma Celera 2001, da diese die Sequenz des menschlichen Genoms veröffentlichten.[24] Weitere Genomsequenzen wurden Mitte 2003 vorgestellt, wie zum Beispiel des Fadenwurmes.

3   Die Forschung

„Die Basensequenz in einem Genom gibt einen ersten Überblick über das funktionelle Potential eines Organismus. Um dies [aber] auch auf molekularer Ebene zu verstehen, muss man sich [...] die Proteine, [die] Funktionsträger der Zelle anschauen und die Gesamtheit [untersuchen]."[25] Daher ist die Forschung in diesem Gebiet sehr wichtig. „[...] Bisher konnten nur die Symptome einer Krankheit behandelt werden. Doch durch das Wissen der Genom- und Proteomforschung lassen sich nun gezielt die Ursachen bekämpfen. "[26] Dies ist ein enormer medizinischer Fortschritt.

3.1   Forschungsmethoden

In der Forschung ist die Massenspektronomie sehr bekannt. Unter der Massenspektrometrie versteht man ein technisches Verfahren zur Analyse der Masse von Molekülen und Atomen."[27] „Einzelne Proteine werden systematisch mittels molekularbiologischer Methoden durch kurze Ankerpeptide (sog. 'tags') markiert und in der Zelle exprimiert. Mit Hilfe der tags werden sie anschließend aus Zellextrakten biochemisch aufgereinigt, zusammen mit evtl. gebundenen Komplexpartnern, zum Beispiel Chlorophyll. [Gebundene Komplexpartner steuern Elektronen zur Bindung bei]. Die gereinigten Komplexe werden durch Gelchromatographie getrennt, und die Proteine durch massenspektroskopische Analyse identifiziert. Der ganze Ablauf wird standardisiert und automatisiert, um einen hohen Durchsatz zu erreichen."[28] „Für die Massenspektrometrie benötigt man eine Probe des Proteins. Durch die HPLC-Reinigung erhält man eine reine Probe. Mit einer Protease, ein Enzym, das Peptide oder Proteine spalten kann, wird das Protein verdaut und durch die Protease wird das Protein gespalten. Unerwünschte

---

[22] [wie Anm.2], S. 114
[23] Turkovic: Massenspektrometrisches Fragmentierungsverhalten oxidierter schwefelhaltiger Aminosäuren und ihr Nutzen für die Proteomforschung (2009), S. 36
[24] [wie Anm.3], S. 300–301
[25] Tebbe (01.01.2006) [wie Anm.13], S. 6
[26] biotechnologie.de - Initiative des Bundesministeriums f& #038 uuml r Bildung und Forschung (15.11.2013) [wie Anm.1]
[27] DocCheck Medical Services GmbH: Massenspektrometrie - DocCheck Flexikon. http://flexikon.doccheck.com/de/Massenspektrometrie, 17.12.2013
[28] Mering/Bork (2002) [wie Anm.12], S. 3

Eigenschaften von Proteinen, wie Löslichkeit lassen sich so unterbinden. Die am häufigsten angewandte Methode ist die, dass man die Peptide mit einer HPLC-Säule trennt. Die Säule ist direkt mit dem Massenspektrometer gekoppelt. Im Massenspektrometer wird jedes Peptid in seine Fragmente ionisiert.[29] „Proteasen, [...] oder auch Proteinasen oder Peptidasen genannt, hydrolysieren die Peptidbindungen zwischen den Aminosäureresten einer Polypeptidkette.“[30] „Proteasen finden sich im gesamten Stoffwechsel bei allen Organismen.“[31] „Die Substanz, die untersucht werden soll (der Analyt), wird in eine Gasphase überführt und anschließend ionisiert. Im Folgenden werden die entstandenen Ionen mit Hilfe eines elektrischen Feldes stark beschleunigt und der Analyseeinheit des Massenspektrometers zugeführt. Diese nimmt nun eine Sortierung der geladenen Teilchen nach dem Masse-zu-Ladungs-Verhältnis vor. Beispielsweise erfolgt eine Aufteilung der Ionen in verschiedene Teilstrahlungen. Dabei kann eine Fragmentierung der Teilchen erfolgen.“[32] „Zur Identifizierung eines Proteins werden die aufgenommenen Massenspektren der proteolytischen Peptide eines Proteins [...], der sogenannte Peptid - Fingerabdruck, mit den theoretischen Massenspektren aller vorhergesagten Proteine eines Genoms verglichen. Wenn eine genügende Übereinstimmung von experimentellen und theoretischen Massenspektren erfolgt, kann eine eindeutige Zuordnung des Proteins zu einem Genom erfolgen.“[33] Zur Massenspektronomie von Peptiden kann man sich die Abbildung 2 genauer anschauen. „Zur Bestimmung der Peptidsequenz werden massenspektrometrische Analysen hintereinander geschaltet. Man spricht auch von einer Tandem-Massenspektrometrie, weil in der ersten Runde ein Ion erzeugt wird, das dann durch Kollision mit einem Gas wie Wasserstoff [...] fragmentiert wird.“[34]

3.2   Erforschung der Hefe

Das Erbgut der Hefe wurde vor zwölf Jahren entschlüsselt. Die Hefe ist ein zellkernhaltiger Organismus, der durch die SILAC-Technik (Stable Isotope Labeling by Amino Acid by Cell Culture), von Wissenschaftlern entschlüsselt wurde. Durch diese Massenspektromie können alle Eiweiße ermittelt werden und die exakte Menge angegeben werden. Die Hefe ist deswegen so interessant, da sie Körperzellen und Sperma besitzt.[35] „Beide Zellarten (diploid und haploid) besitzen identische Gene, benötigen jedoch für ihre unterschiedliche Lebensweise und Funktion ein völlig unterschiedliches Eiweiß-Set.“[36] „Wie menschliche Zellen besitzen auch Hefen doppelte Chromosomensätze. Da ihre Eiweiße denen in Säugerzellen sehr ähnlich sind, wird die Hefe unter anderem dazu benutzt, biotechnologische Wirkstoffe herzustellen.“[37] „Wissenschaftlern [...] ist es gelungen, [...] 4399

[29] Clark, David P.; Pazdernik, Nanette; Held, Andreas: Molekulare Biotechnologie 2009, S. 276
[30] Clark/Pazdernik/Held (2009) [wie Anm.29], S. 271
[31] Clark/Pazdernik/Held (2009) [wie Anm.29], S. 271
[32] DocCheck Medical Services GmbH [wie Anm.27]
[33] Tebbe (01.01.2006) [wie Anm.13], S. 10
[34] Clark/Pazdernik/Held (2009) [wie Anm.29], S. 277
[35] biotechnologie.de - Initiative des Bundesministeriums f& #038 uuml r Bildung und Forschung (07.12.2013) [wie Anm.19]
[36] biotechnologie.de - Initiative des Bundesministeriums f& #038 uuml r Bildung und Forschung (07.12.2013) [wie Anm.19]
[37] biotechnologie.de - Initiative des Bundesministeriums f& #038 uuml r Bildung und Forschung (07.12.2013) [wie Anm.19]

verschiedene Eiweiße der Bäckerhefe zu definieren."[38] Auf Der Abbildung 1 kann man die Proteomweite Kartierung von Proteinkomplexen in Hefe erkennen[39]. „Einzelne Proteine werden systematisch mittels molekularbiologischer Methoden durch kurze Ankerpeptide (sog. 'tags') markiert und in der Zelle exprimiert. Mit Hilfe der tags werden sie anschließend aus Zellextrakten biochemisch aufgereinigt, zusammen mit evtl. gebundenen Komplexpartnern. Die gereinigten Komplexe werden durch Gelchromatographie getrennt, und die Proteine durch massenspektroskopische Analyse identifiziert. Der ganze Ablauf wird standardisiert und automatisiert, um einen hohen Durchsatz zu erreichen."[40] Dadurch kann man das Proteom in einzelne Proteine klassifizieren und den Anteil der verschiedenen Proteine erkennen.

3.3   Heutiger Wissenstand

„Wissenschaftler versuchen durch die Proteomik neue Wirkstoffe gegen Krebs zu entwickeln. Zudem gibt es einige Erkrankungen (z.B. die Sichelzellanämie), die auf fehlerhafte Proteinmoleküle beru[hen]. Gelingt es diese gezielt zu reparieren oder zu regenerieren, wären solche Krankheiten heilbar."[41] Durch die Forschung ist es möglich, die inneren Prozesse eines Organismus genauer zu verstehen. Man untersucht die Proteine, die die Funktionsträger einer Zelle sind. Man kann also genau untersuchen, ob ein Medikament gut funktioniert oder an welchen Stellen es nicht funktioniert. Wie schon erwähnt, „[…] Bisher konnten nur die Symptome einer Krankheit behandelt werden. Doch durch das Wissen der Genom- und Proteomforschung lassen sich nun gezielt die Ursachen bekämpfen. "[42] „[…]Es gelang den Wissenschaftlern […] die Eiweiße aufzuspüren, die bei der Fortpflanzung der Hefe eine […] wichtige Rolle spielen."[43] Dadurch weiß man heute, welche Proteine wichtig sind für die Fortpflanzung. Man könnte also erklären, warum es manchmal nicht zu einer Fortpflanzung kommt, da man sich das Proteom nun genau anschauen kann. Man kann also feststellen, welche Proteine fehlen und dadurch erklären, ob ein Gendefekt vorliegt. Es kann untersucht werden, welche Proteine, die für die Fortpflanzung wichtig sind, fehlerhaft sind. Ein Beispiel für einen Gendefekt ist Mukoviszidose. Der lange Arm des 7. Chromosoms ist mutiert. Das betroffene Gen codiert ein Protein, welches als Kanalfunktion in der Zellmembran agiert. Durch das veränderte Gen ist auch das Protein verändert und die Kanalfunktion fällt weg. Es fehlt die Aminosäure Phenylalanin. [44] „[…] Die Leber- und Muskelzellen […] des Menschen […] weißen die gleiche genetische Zusammensetzung auf, […] aber führen völlig unterschiedliche Aufgaben im Körper […] aus."[45] Es ist der Wissenschaft gelungen darzulegen, dass die Proteine in einem Organismus sehr

---

[38] biotechnologie.de - Initiative des Bundesministeriums f& #038 uuml r Bildung und Forschung (07.12.2013) [wie Anm.19]
[39] Mering/Bork (2002) [wie Anm.12], S. 3
[40] Mering/Bork (2002) [wie Anm.12], S. 3
[41] DocCheck Medical Services GmbH (11.09.2013) [wie Anm.10]
[42] biotechnologie.de - Initiative des Bundesministeriums f& #038 uuml r Bildung und Forschung (15.11.2013) [wie Anm.1]
[43] biotechnologie.de - Initiative des Bundesministeriums f& #038 uuml r Bildung und Forschung (07.12.2013) [wie Anm.19]
[44] Wikipedia: Mukoviszidose. http://de.wikipedia.org/w/index.php?oldid=124857791, 07.01.2014
[45] biotechnologie.de - Initiative des Bundesministeriums f& #038 uuml r Bildung und Forschung (07.12.2013) [wie Anm.19]

wichtig sind, da diese die Funktionsträger der Zelle sind. Leber- und Muskelzelle führen unterschiedliche Aufgaben aus, haben aber dennoch die gleiche genetische Zusammensetzung. Es wird deutlich, dass das Genom starr und fest ist und das Proteom hoch dynamisch ist. Daher ist das Proteom sehr wichtig, da man anhand von diesem die inneren Prozesse eines Organismus erklären kann. Auch für die Medizin ist die Proteomforschung sehr wichtig, da man untersuchen kann, ob ein Medikament wirklich wirksam ist.

4 Die Entwicklung des Frosches und der Bezug zur Proteomik

„Die Entwicklung der Froschlarven hängt stark von der Art und den Umweltbedingungen ab."[46] „[Circa] nach 5 Tagen schlüpft die Larve aus dem Ei. Dabei knabbert sie als erste Nahrung den Belag der Gallerte ab. Sie besitzt im Frühstadium äu[ß]ere Kiemen. Später werden diese bei den Froschlurchen von einer Hautfalte überwachsen, es bilden sich innere Kiemen und ein Atemloch links der Körperseiten-Mitte. Schwanzlurche besitzen bis zur Metamorphose äu[ß]ere Kiemen."[47] „Nach circa 1,5 bis zwei Monaten bilden sich die Extremitäten bei den Froschlurchen."[48] „Dabei liegen die Vorderbeine erst in einer Hauttasche verborgen, während die Hinterbeine bereits sichtbar sind. Bei den Schwanzlurchen bilden sich Arme und Beine früher und sie sind von Anfang an sichtbar. 2-3 Wochen später folgt die innere Umwandlung zum Froschlurch, [die] sogenannte Metamorphose."[49] Die Metamorphose beschreibt die Umwandlung vom Froschlurch zum erwachsenen geschlechtsreifen Tier. Das Genom des Frosches ist immer das gleiche. „Im Unterschied zu den Genen ändert sich die Proteinausstattung eines Organismus ständig: von Gewebe zu Gewebe, während des Entwicklungszyklus, sowie in Abhängigkeit von äu[ß]eren Einflüssen."[50] Bei der Metamorphose entstehen große Entwicklungen. „Der Begriff Proteom steht in Analogie zu dem Begriff Genom [...] und bezeichnet die Gesamtheit aller in einem Organismus zu einem bestimmten Zeitpunkt vorkommenden Proteine."[51] Das bedeutet, dass das Proteom ständig in „Bewegung" ist und sich ständig ändert. Bei der Entwicklung des Frosches geht der Organismus durch drei Stadien. Zuerst das Ei, dann die Kaulquappe und zuletzt der Frosch. Dabei werden bestimmte Zellen nicht mehr im nächsten Stadium gebraucht, weil sie ihre Aufgabe erfüllt haben. Bei der Metamorphose des Frosches sind das die Zellen des Frosches. Durch Apoptose, ein genetisch gesteuertes Programm, werden Gene aktiviert, die das proteinverdauende Enzym Caspase herstellen. Diese lösen die Zellen auf. [52] Bei der Proteinbiosynthese wird die Information der DNA in Proteine umgewandelt. Die Kaulquappe bewegt sich ganz anders fort, als der spätere Frosch. Das bedeutet, es werden andere Proteine hergestellt. Daher entstehen bei der

---

[46] Meyer, Jan; ch, www meyweb: Froschnetz - Entwicklung von Kaulquappe zu Frosch. http://www.froschnetz.ch/biologie/von_kaulquappe_zum_frosch.htm, 05.12.2013
[47] Meyer/ch (30.03.2011) [wie Anm.45]
[48] Meyer/ch (30.03.2011) [wie Anm.45]
[49] Meyer/ch (30.03.2011) [wie Anm.45]
[50] Mering/Bork (2002) [wie Anm.12], S. 2
[51] Tebbe (01.01.2006) [wie Anm.13], S. 6
[52] Zellbestandteile. http://www.zum.de/Faecher/Materialien/beck/bs11-5.htm, 07.01.2014

Proteinbiosynthese ganz andere Proteine. Und bei der Metamorphose findet eine sehr große Entwicklung statt, daher ändert sich hier das Proteom sehr stark. Es wird sehr schön deutlich, dass das Genom relativ starr und fest ist, da das Genom des Frosches immer noch das gleiche ist und das Proteom sich ständig ändert.

5 Chancen und Risiken der Proteomik

„[…] Man erhofft sich durch die Proteomforschung die Entwicklung und Lebensfähigkeit von Organismen sowie die Entstehung von Krankheiten besser zu verstehen[…].“[53] Dies gelingt der Forschung sehr gut. „Auch der Nachweis des Einflusses von Substanzen (z.B. Medikamente) auf das Proteom und damit auf die Differenzierung kann erforscht werden“[54] Für die Medizin bedeutet das ein sehr großer Fortschritt. Denn „Die Ziele der Proteomik sind unter anderem die Aufklärung von Protein - Protein - Interaktionen, die Katalogisierung der Proteine und die quantitative Analyse der Proteinexpression.“[55] Dadurch kann man sich ein umfangreiches Fachwissen aneignen und damit die Entwicklung von zukünftigen Medikamenten beeinflussen. Man kann diese genau kontrollieren und auf ihre Wirksamkeit prüfen. Die Proteomik ist ein sehr neu erforschtes Wissensgebiet, daher gibt es noch viele Fragen, die offen bleiben. Man kann also nicht alles erforschen. Man verlässt sich bei der Proteomik auf eine große Datensammlung. Das bedeutet, wenn man die Proteine vergleichen will um festzustellen, wie diese genetisch codiert sind, muss man etwas Vergleichbares haben. Daher muss die Wissenschaft sehr genau und richtig arbeiten. Macht nur ein Wissenschaftler einen Fehler, so ist die ganze Arbeit fehlerhaft. Zudem wird es schwieriger, wenn ein polygenes Gen untersucht wird. Da mehrere Gene für die Ausprägung zuständig sind, wird es schwieriger, die einzelnen Proteine zu klassifizieren. Die Proteomik scheint in vieler Hinsicht sehr hilfreich zu sein, doch sie ist sehr kostspielig und zeitaufwendig. Zusammenfassend kann man sagen, dass sie auf der einen Seite eine wichtige Rolle für die Medizin spielt aber auf der anderen Seite sehr viel Zeit und Geld in Anspruch nimmt.

6 Fazit

Im Folgenden werde ich ein Fazit ziehen. Ich habe mich dazu entschieden, meine GFS in Biologie zu machen, weil ich das Thema: „Proteomik – die Erforschung des Proteoms“ sehr spannend fand. Doch ich wusste zuvor nicht, was die einzelnen Begriffe bedeuteten. Ich wollte mich dieser Herausforderung stellen. Es war ein sehr anspruchsvolles Thema, zu dem ich nicht so umfangreiche und verständliche Literatur gefunden habe. Es fiel mir daher sehr schwer, mich in dieses Thema hineinzuarbeiten. Sehr schnell konnte ich zwar den Begriff „Proteomik“ definieren, doch was genau dahinter steckte, blieb mir anfangs unbekannt. Ich musste während

---

[53] biotechnologie.de - Initiative des Bundesministeriums f& #038 uuml r Bildung und Forschung (07.12.2013) [wie Anm.19]
[54] Lutter (01.01.2003) [wie Anm.20]
[55] DocCheck Medical Services GmbH (11.09.2013) [wie Anm.10]

der Recherche sehr viele Begriffe nachschlagen, um den Zusammenhang verstehen zu können. Dies kostete sehr viel Zeit und teilweise bin ich nicht ganz voran gekommen, da ich das Verständnis von einem Sachinhalt gebraucht habe, um den nächsten Sachinhalt verstehen zu können. In meiner schriftlichen Ausarbeitung habe ich sehr viel zitiert. Dies liegt daran, da ich die meisten Inhalte nicht anders hätte formulieren können. Zudem war es nicht einfach immer eigene Formulierungen zu finden, da der Anspruch bei diesem Thema sehr hoch war und ich mir bei eigenen Formulierungen nicht immer sicher war, ob diese auch korrekt sind. Daher hab ich mich auf die Fachliteratur verlassen. Bei meiner GFS hat mir das Programm „Citavi" sehr geholfen. Es ist ein Programm, womit man seine Quellen und Zitate ordnen kann und einem die Arbeit erleichtert. Im Rahmen des Seminarkurses der Annemarie – Lindner – Schule im Schuljahr 2013/2014 bin ich auf dieses Programm aufmerksam geworden. Damit konnte ich sehr organisiert arbeiten. Mir hat die Arbeit an diesem Thema sehr viel Spaß gemacht, auch wenn es ein kompliziertes Thema war.

7   Anhang

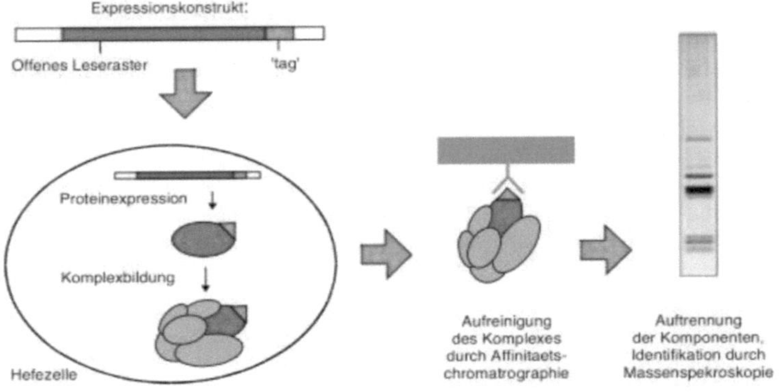

Abbildung 1: Proteomweite Kartierung von Proteinkomplexen in Hefe[56]

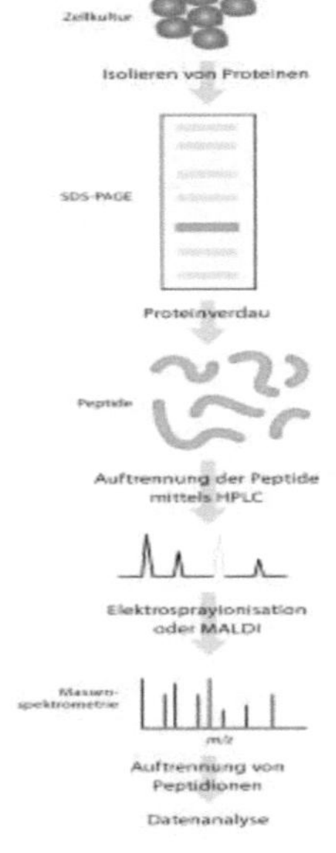

Abbildung 2: Massensoektrometrie von Peptiden[57]

---

[56] Mering/Bork (2002) [wie Anm.12], S. 3

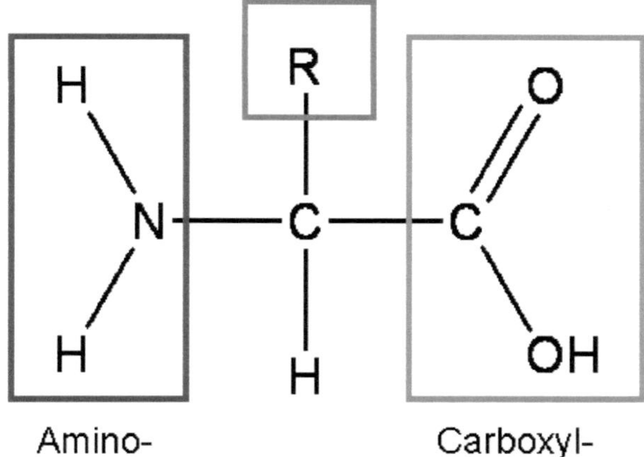

Abbildung 3: Aminosäure Struktur[58]

---

[57] Clark/Pazdernik/Held (2009) [wie Anm.29], S. 277
[58] aminosaeure.gif (GIF-Grafik, 412 × 395 Pixel) http://daten.didaktikchemie.uni-bayreuth.de/umat/proteine/aminosaeure.gif, 06.01.2014

8 Literaturverzeichnis

8.1 Buch (Monographie)

Natura - Biologie für berufliche Gymnasien. 1. Aufl., [Dr.] 1. Stuttgart, Leipzig: Klett.

Clark, David P.; Pazdernik, Nanette; Held, Andreas (2009): Molekulare Biotechnologie: Springer DE.

Duve, Christian de ((1986)): Die Zelle. Expedition in die Grundstruktur des Lebens. Heidelberg: Spektrum-der-Wiss.-Verl.-Ges. (Spektrum-Bibliothek, 9,1).

8.2 Hochschulschrift

Lutter, Petra (2003): Untersuchung des Einflusses vasoaktiver Substanzen auf das Proteom humaner Endothelzellen. Dissertation. Ruhr-University Bochum, Bochum Germany.

Tebbe, Andreas (2006): Das Proteom eines halophilen Archaeons und seine Antwort auf Änderung der Lebensbedingungen–Inventarisierung, Quantifizierung und posttranslationale Modifikationen. lmu.

Turkovic (2009): Massenspektrometrisches Fragmentierungsverhalten oxidierter schwefelhaltiger Aminosäuren und ihr Nutzen für die Proteomforschung. Dissertation. Universität Köln, Köln Germany.

8.3 Internetdokument

Genetik. Online verfügbar unter

http://books.google.de/books?id=6hWjDWnYAbQC&pg=PA300&dq=Funktionelle+Ge nomik+und+Proteomik&hl=de&sa=X&ei=N6egUvnTEIbbswa_soCwCA&ved=0CDUQ 6AEwAA#v=onepage&q=Funktionelle%20Genomik%20und%20Proteomik&f=false, zuletzt geprüft am 05.12.2013.

Zellbestandteile. Online verfügbar unter

http://www.zum.de/Faecher/Materialien/beck/bs11-5.htm,

zuletzt geprüft am 07.01.2014.

aminosaeure.gif (GIF-Grafik, 412 × 395 Pixel) (2011). Online verfügbar unter http://daten.didaktikchemie.uni-bayreuth.de/umat/proteine/aminosaeure.gif, zuletzt aktualisiert am 15.03.2011, zuletzt geprüft am 06.01.2014.

biotechnologie.de - Initiative des Bundesministeriums f& #038 uuml r Bildung und Forschung (2013): Biotechnologie - Startseite. Online verfügbar unter https://www.biotechnologie.de/BIO/Navigation/DE/root.html, zuletzt aktualisiert am 15.11.2013, zuletzt geprüft am 15.11.2013.

biotechnologie.de - Initiative des Bundesministeriums f& #038 uuml r Bildung und Forschung (2013): Proteom-Analytik auf dem Weg in die Klinik. Online verfügbar unter
http://www.biotechnologie.de/BIO/Navigation/DE/Service/suche,did=164454.html?list Blld=74568&searchText=Proteomik, zuletzt aktualisiert am 05.12.2013, zuletzt geprüft am 05.12.2013.

biotechnologie.de - Initiative des Bundesministeriums f& #038 uuml r Bildung und Forschung (2013): Alle Eiweiße der Hefe im Visier. Online verfügbar unter http://www.biotechnologie.de/BIO/Navigation/DE/Hintergrund/themendossiers,did=80 086.html, zuletzt aktualisiert am 07.12.2013, zuletzt geprüft am 07.12.2013.

DocCheck Medical Services GmbH: Massenspektrometrie - DocCheck Flexikon. DocCheck Medical Services GmbH. Online verfügbar unter

http://flexikon.doccheck.com/de/Massenspektrometrie,

zuletzt geprüft am 17.12.2013.

DocCheck Medical Services GmbH (2013): Proteomik - DocCheck Flexikon. DocCheck Medical Services GmbH. Online verfügbar unter

http://flexikon.doccheck.com/de/Proteomik, zuletzt aktualisiert am 11.09.2013, zuletzt geprüft am 16.11.2013.

Meyer, Jan; ch, www meyweb (2011): Froschnetz - Entwicklung von Kaulquappe zu Frosch. Online verfügbar unter

http://www.froschnetz.ch/biologie/von_kaulquappe_zum_frosch.htm,

zuletzt aktualisiert am 30.03.2011, zuletzt geprüft am 05.12.2013.

Wikipedia (Hg.) (2014): Mukoviszidose. Online verfügbar unter

http://de.wikipedia.org/w/index.php?oldid=124857791, zuletzt aktualisiert am 02.01.2014, zuletzt geprüft am 07.01.2014.

8.4 Zeitschriftenaufsatz

Mering, Christian von; Bork, Peer (2002): Proteinkomplexe und Netzwerke: Neue Herausforderungen fuer die Proteomik. In: *GenomXpress* 2002 (2), S. 2–4.